Sebastian Schopp

Unterrichtsstunde Biologie - Die Zelle als offenes System

Thema: Betrachten der Wasserpest unter dem Mikroskop

GRIN Verlag

Bibliografische Information der Deutschen Nationalbibliothek:

Die Deutsche Bibliothek verzeichnet diese Publikation in der Deutschen National-
bibliografie; detaillierte bibliografische Daten sind im Internet über http://dnb.d-
nb.de/ abrufbar.

Impressum:

Copyright © 2009 GRIN Verlag GmbH
Druck und Bindung: Books on Demand GmbH, Norderstedt Germany
ISBN: 978-3-640-80999-8

Dieses Buch bei GRIN:

http://www.grin.com/de/e-book/165334/unterrichtsstunde-biologie-die-zelle-als-
offenes-system

Unterrichtsentwurf
Biologie

Thema der Unterrichtseinheit:
Die Zelle als offenes System

Thema der Unterrichtsstunde:
Betrachten der Wasserpest unter dem Mikroskop

Sebastian Schopp   2009

1. Sachanalyse

Das Lichtmikroskop ist ein optisches Gerät zur Vergrößerung von sehr kleinen Objekten und wurde in seiner heutigen Form und Funktionsweise etwa im 17. Jahrhundert entwickelt, es gehört heute zu den wichtigsten Arbeitsgeräten in den vielfältigen Arbeitsbereichen der Biologie. Durch die Erfindung des Lichtmikroskops, und später natürlich auch durch die Erfindung des Elektronen- und anderen Mikroskopformen, ist es den Menschen gelungen einen Einblick in die „Welt des Kleinen" zu erlangen, der den Menschen allein durch die Sehkraft der Augen bis dahin im verborgenen lag. Es ist seither möglich, kleinste Lebewesen und Materialien zu betrachten oder auch die kleinsten Bausteine von größeren Organismen. Für die beschriebene Unterrichtsstunde werden die Schüler ein solches Lichtmikroskop benutzen. Bei dieser Form der Mikroskopie werden die betrachteten Objekte mit einer Lichtquelle von unten durchleuchtet und die Strahlen durch ein Linsensystem so gebündelt, dass das durchleuchtete Objekt im Auge des Betrachters bis zu 400 mal größer erscheint. Da die Objekte durchleuchtet werden müssen, sollten die Präparate allerdings eine gewisse Dicke nicht überschreiten. [1]

Die Blättchen der Wasserpest eignen sich hervorragend für das Lichtmikroskop, da diese aus einer sehr dünnen Schicht Zellen bestehen, und somit leicht durchleuchtet werden können. Ein weiterer Vorteil ist, dass die Blättchen der Wasserpest nicht zusätzlich präpariert werden müssen. Die Wasserpest ist, wie der Name schon sagt, eine sehr schnell wachsende Wasserpflanze, die in heimischen Gewässern durchaus häufig zu finden ist.

Eigentlich kommt die Wasserpest aus Amerika und wurde vor nicht allzu langer Zeit nach Europa eingeführt. Die generell anspruchslose Wasserpflanzen fühlt sich in unserem Klima offensichtlich sehr wohl und wächst, wenn es die Gegebenheiten zulassen, in Seen, Flüssen und kleinen Gartenteichen.[2] Aufgrund ihrer relativen Anspruchslosigkeit an Umweltbedingungen ist die Wasserpest mit einigen Unterarten eine sehr begehrte Aquarienpflanze.

Zellen sind die Grundbausteine aller Lebewesen und die Zellbiologie befasst sich mit der Erforschung der Zellen, deren Kompartimente, deren Teilung und Bewegung. Die Zellen bzw. Zellverbände der Wasserpest sind sehr gut unter dem Mikroskop erkennbar. Die Schüler werden höchst wahrscheinlich die Zellwände der Zellen, welche den Zellen eine gewisse Struktur und Festigkeit geben, sowie die grünen

---

[1] Campbell 2006, S. 130-131
[2] http://www.ufz.de/index.php?de=17288 (16.10.2009)

Chloroplasten, die Photosynthesebetreibenden Blattgrünkörper, welche nur in den Blättern der Pflanze zu finden sind, erkennen. Denn Pflanzen und damit auch ihre Zellen sind normalerweise immer grün gefärbt. Die Ursache dieser Grünfärbung wird sichtbar bei der mikroskopischen Untersuchung von Zellen der Wasserpest. Dabei zeigt sich den Schülern höchstwahrscheinlich, dass grüne Pflanzenzellen in ihrem Zellplasma Chloroplasten enthalten, die auffallend grün gefärbt sind, da sie den Farbstoff Chlorophyll besitzen. Die genauere Beobachtung von Zellen der Wasserpest zeigt eventuell auch die Bewegung der Chloroplasten durch die Strömung des Zellplasmas.

2. Begründung der Reihe

Wenn man sich den hessischen Lehrplan für die Klasse 10G anschaut, heißt es unter anderem, dass „wenn man Strukturen und Leistungen einzelner Organe oder des ganzen Organismus begreifen will, man sich auch mit den Strukturen und Leistungen einzelner Zellen befassen muss". Dieser Zusammenhang von Zelle und Organismus sollte im Unterricht mit Hilfe von Methoden wie dem Mikroskopieren verdeutlicht werden. Die Struktur und die Angaben zur Funktion der Bäume, die Schüler in der Sekundarstufe I auf den ersten Blick erkennen können, verlangt nun nach neuen Methoden zur Untersuchung dieser und anderer Lebewesen. Wenn man die Struktur der verschiedenen Zelltypen möglichst vollständig erkennen möchte, so sollte auf die Arbeitsmethode des Mikroskopierens zurückgegriffen werden. Als obligatorischer Unterrichtsinhalt findet der Vergleich pflanzlicher mit tierischen Zellen hier einen passenden Zugang.

Das Thema Zellen ist für die Schüler von großer Wichtigkeit und auch mit großem Interesse besetzt. Die Schüler wissen, dass ihr eigener Körper und die gesamte Tier- und Pflanzenwelt aus einer Vielzahl von verschiedenen Zelltypen besteht. Für das Unterrichtsfach Biologie spielt das Thema Zellen insofern eine große Rolle, als das viele wichtige Themenbereiche auf ein gewisses Grundwissen im Bereich der Zellbiologie aufbauen. Zu diesen Themen gehören unter anderem die Genetik, Zellen und Gewebe aber natürlich auch alle allgemeinen Stoffwechselprozesse. Die Schüler kommen auch außerhalb der Schule oft in Kontakt mit der Zellbiologie. In den Nachrichten zum Beispiel erscheinen immer wieder Themen, welche die Zellbiologie betreffen (Klonen). Aber auch der Kontakt mit Krankheiten wie Krebs bleibt den Schülern nicht erspart.

3. Stellung der Stunde in der Unterrichtsreihe

Für die Unterrichtseinheit „Die Zelle als offenes System" werden im hessischen Lehrplan (G8) insgesamt 20 Unterrichtsstunden vorgeschlagen. Die Doppelstunde „Mikroskopieren von Zellen der Wasserpest" stellt im Lehrplan, als auch in meiner Planung die erste Doppelstunde von insgesamt zehn Doppelstunden zur Einheit dar. Dieses Thema eignet sich hervorragend , um in das Thema Zellen einzusteigen, da es durch die offene und forschende Arbeitsmethode des Mikroskopierens sehr motivierend wirken kann. Die Schüler kommen dem Thema auf eine ihnen sehr zusagende Art entgegen. In der darauffolgenden Doppelstunde werden die Schüler ähnlich arbeiten, denn dort wird die Mundschleimhaut mikroskopiert, um die Unterschiede von pflanzlichen und tierischen Zellen noch mal genauestens zu besprechen. Obwohl im oben genannten Lehrplan erst in der nächsten Unterrichtseinheit „Zelluläre Strukturen" auf die bis jetzt noch nicht behandelten Strukturen von Zellen eingegangen werden sollte, würde ich diese bereits an die vergangenen Stunden anknüpfen, um dann danach mit dem eigentlichem Verlauf wie z.B. der „Phagozytose" oder „Transportmechanismen" fortzufahren, da ich diese Reihenfolge aufgrund des Zusammenhanges der Themenbereiche für passender erachte.

4. Begründung der Stunde

Da Schüler im Unterricht sehr oft nur mit Ergebnissen der Wissenschaft konfrontiert werden, bietet das Mikroskopieren ihnen eine sehr gute Möglichkeit selbstständig mit den Arbeitsweisen der Biologie vertraut zu werden. Und damit die Schüler mit solchen Arbeitsmethoden vertraut werden, sollten diese häufig in den Biologieunterricht eingebaut werden. Der Zeitaufwand beim Mikroskopieren ist eventuell etwas größer als das Lesen eines Textes im Biologiebuch, vor allem was die geringe Anzahl an Biologiestunden im Vergleich zu anderen Fächern betrifft, so sind die affektiven Lernerfolge bei solchen forschend-entdeckenden Unterrichtsmethoden jedoch immer wieder erstaunlich hoch. Die Kinder sind mit riesiger Begeisterung dabei und es entwickelt sich erstaunlich schnell ein unermesslicher Erkundungsdrang. Sobald die zu betrachtenden Objekte intensiv aber ausreichend untersucht wurden, versuchen die Schüler, wie selbstverständlich, alles was ihnen zwischen die Finger kommt unter das Mikroskop zu legen, um es dann explizit zu untersuchen. An dieser Stelle muss man sich als Lehrer entscheiden, auf welche Lernziele man mehr Wert legt, auf die kognitiven oder eher die affektiven. Durch das Mikroskopieren lernen die Schüler erst richtig verstehen. Sie kommen in Kontakt mit einer Welt, von der sie vorher wahrscheinlich nur mal kurz etwas gehört haben. Sie kannten Blut vielleicht nur als rote Flüssigkeit. Dass es unter anderem aus kleinen Blutkörperchen besteht, können sie ja auch nicht wissen. Blätter, Holz und andere Gewebe mal aus einer ganz anderen Perspektive kennen zu lernen ist für die Schüler höchst spannend. Schnell kann man ihnen so klar machen, dass alle Lebewesen aus so kleinen Teilen, den Zellen, ausgebaut sind. Ein sehr positiver Effekt beim Mikroskopieren ist, dass selbst schwächere Schüler zu relativ großen Erfolgserlebnissen kommen werden, da man vor allem bei der Wasserpest schnell etwas erkennen kann. Zumal ist das Vorbereiten des Präparates sehr einfach und die Beschaffung sollte auch kein Problem sein.

5. Bedingungsanalyse

Schwierig wird es, wenn die Schule schlecht ausgestattet ist, und sich drei Schüler ein Mikroskop teilen müssen. Die Schüler haben dann nur wenig Zeit sich wirklich mit dem Mikroskop zu beschäftigen. Trotzdem steht der Spaß an praktischen Dingen und die Motivation bei solch interessanten Stunden über solchen Schwierigkeiten. Was allerdings nicht bedeuten soll, dass man die Sicherheitsrisiken beim Mikroskopieren unterschätzen sollte. Zum Einen sind die Objektträger und Deckgläschen bei unachtsamer Handhabung relativ scharf, zum Anderen sind Mikroskope sehr empfindliche Geräte und Schüler nicht gerade die sorgsamsten Menschen, vor allem nicht, wenn es nicht ihr Eigentum ist. Daher ist es immer wieder wichtig, den Schülern klar zu machen, dass die Mikroskope auf jeden Fall mit der allergrößten Vorsicht zu behandeln sind. Schüler vergessen solche Dinge öfter, vor allem wenn sie im Eifer des „Gefechtes" mit ihren Gedanken ganz wo anders sind. Doch das muss ja nicht immer schlecht sein, denn dadurch merkt man, dass die Schüler wirklich motiviert sind, was bei solchen praktischen Arbeiten in Zusammenhang mit etwas Realem natürlich nicht selten ist.

6. Tabellarischer Verlaufsplan

Zeit	Phase & Verlauf	Arbeits-Form	Sozial-Form	Medium
7	**Einführung:** - Wiederholung der letzten Stunde - Besprechen des heutigen Ablaufplanes	Lehrer-Schüler-Gespräch	Plenum	Mündlich
7	**Wiederholung Mikroskop:** Wiederholung zur Handhabung und Vorgehensweise bei der Einstellung und zur den Sicherheitshinweisen	Gespräch im Plenum	Plenum	Mündlich
7	**Vorbereitungsphase:** Austeilen des Arbeitsblattes und gemeinsames durchlesen. Vorbereiten der Tische nach Vorgabe des Arbeitsblattes. Schüler bzw. jede Partnergruppe holt sich ein Mikroskop		Einzel-arbeit / Partner-arbeit	Arbeits-blatt
15	**Arbeitsphase 1:** Aufbauen der Mikroskope + Einstellungen + Holen der Präparate Mikroskopieren bei kleinster/mittlerer Vergrößerung Zeichnen von Zellverband von mindestens sechs Zellen.	Betrachten + Zeichnen	Einzel-arbeit / Partner-arbeit	Arbeits-blatt + Zeichen-zubehör.
15	**Ergebnissicherungsphase 1:** Die Schüler stellen vor, was bereits sichtbar wurde. Der Lehrer lässt die Schüler die Funktionen der erkannten Zellbestandteile wiederholen, erklärt nochmals ausführlich lässt dann von den Schülern Sätze formulieren die Struktur und Funktion der einzelnen Organlellen beschreiben. Diese „Definitionen" werden unter die Zeichnung geschrieben. *(Zellwand, Zellkern, Chloroplasten, Vakuole)*	Gespräch im Plenum	Plenum	Tafel/ Heft
12	**Arbeitsphase 2:** Die Schüler sollen nun versuchen eine Zelle im Detail zu zeichnen (größte Vergrößerung).	Betrachten + Zeichnen	Einzel-arbeit / Partner-arbeit	Arbeits-blatt + Zeichen-zubehör.
10	**Ergebnissicherungsphase 2:** Der Lehrer fragt die Schüler was ihnen aufgefallen ist *(Zellwände/vor allem Mittellamelle)*	Lehrer-Schüler-Gespräch	Plenum	Mündlich/ Heft
5	**Aufräumphase** Aufräumen und wegbringen der Mikroskope			
10	**Abschlussbesprechung und Hausaufgaben** Besprechen der Ergebnisse + Hausaufgaben verteilung	Lehrer-Schüler-Gespräch	Plenum	Heft

7. Methodisch- Didaktischer Kommentar

Zu Beginn werde ich die Schüler fragen, was sie in der letzten Unterrichtsstunde gemacht haben. Das soll zum Einen noch mal die Kennzeichen des Lebendigen in ihre Erinnerung rufen und gleichzeitig den Übergang zum Thema dieser Stunde, der Zelle bilden. Solche Wiederholungen sind meiner Meinung wichtig und vor allem sinnvoll, da hier noch mal Verständnisfragen geklärt werden können und Wiederholungen generell einen positiven Einfluss auf die Behaltensleistung der Schüler einnehmen. Dann werde ich kurz mit ihnen besprechen, was wir in der aktuellen Stunde vorhaben, nämlich das Mikroskopieren der Wasserpest und das anfertigen einer wissenschaftlichen Zeichnung mit abschließender Besprechung der Ergebnisse. Es bietet sich an, eine kleine „To-Do-Liste" an der Tafel zu führen, damit die Schüler immer vor Augen haben, was sie noch zu erledigen haben und vor allem, was sie schon geschafft haben, denn es kann durchaus motivierend sein, wenn man sieht, was einem in einer Unterrichtsstunde erwartet. Da die Schüler höchstwahrscheinlich schon länger nicht mehr Mikroskopiert haben, bietet sich hier als zweiter Punkt auf der Liste eine kleine Wiederholung zur Handhabung, zur Vorgehensweise bei der Einstellung und zu den Sicherheitshinweisen an. Denn Mikroskope sind sehr empfindliche Geräte und erklären sich in ihrer Bedienung nicht von selbst. Vor allem bei jüngeren Schülern sollte man stets die Empfindlichkeit der Mikroskope erwähnen, da diese solche Hinweise auch schnell wieder vergessen. Nach einer kurzen mündlichen Belehrung wird dann das Arbeitsblatt ausgeteilt und gemeinsam durchgelesen, um Fragen zu klären bevor Unruhe ausbricht. Dann bereiten die Schüler ihre Tische nach Vorgabe des Arbeitsblattes vor. Dass heißt, sie räumen unwichtige Dinge beiseite und legen schon mal die benötigten Arbeitsutensilien auf den Tisch. Erst dann darf sich jeder Schüler bzw. jede Partnergruppe ein Mikroskop holen (je nach Anzahl der Mikroskope). Die vorrausgesetzte Organisation der Utensilien und die Ordnung auf den Tischen lassen sich ganz einfach in Zusammenhang mit der Vorgehensweise beim wissenschaftlichen Arbeiten erklären. Wenn dann alles vorbereitet ist, und alle Fragen geklärt sind, werden die Mikroskope aufgebaut und die Einstellungen zum Mikroskopieren vorbereitet. Dann werden die Präparate geholt und bei kleinster/mittlerer Vergrößerung betrachtet. Die Schüler sollen dabei als erstes einen Zellverband von mindestens sechs Zellen zeichnen. Erkennbar sollen die Zellwände, Zellmembranen und die Chloroplasten sein. Die Vorgehensweise beim Zeichnen einer wissenschaftliche Skizze, wie zum Beispiel das verwenden eines Bleistiftes, werden vorher kurz angesprochen. Wenn einige Schüler mit der ersten Aufgabe früher fertig sein sollten als andere, was sehr wahrscheinlich der Fall sein wird, können diese bereits mit dem anfertigen der zweiten Skizze beginnen. Wenn alle Schüler mit der ersten Aufgabe fertig sind, stellen diese ihre Ergebnisse vor. Dass heißt, sie stellen vor, was bereits sichtbar wurde. Der Lehrer lässt die Schüler nun die Funktionen der erkannten Zellbestandteile wiederholen, erklärt diese nochmals ausführlich und lässt dann von den Schülern Sätze formulieren die Struktur und Funktion der einzelnen Organellen beschreiben. Diese „Definitionen" werden unter die Zeichnung der Schüler geschrieben. Das eigenständige Formulieren der Schüler soll zum einen dazu führen, dass die Schüler auch genau verstehen, was sie aufschreiben, und zum anderen wird dadurch das Gefühl vermittelt, dass diese etwas selbst gemacht haben. Nach dieser Arbeitsphase sollen die Schüler nun versuchen eine Zelle im Detail zu zeichnen (größte Vergrößerung). Dabei sollte nun erkannt werden, dass es zwischen den Zellwänden eine Mittellamelle gibt. Der Lehrer fragt die Schüler was ihnen aufgefallen ist (Zellwände/vor allem Mittellamelle). Die Schüler werden früh genug gebeten, die Mikroskope und das Zubehör wegzuräumen, damit es am Ende der Stunde, wenn es alle eilig haben aus der Klasse zu kommen, zu keinen Unfällen kommt. Wenn alles verstaut ist, werden die Ergebnisse besprochen, also dass, was die Schüler erkennen konnten, und dort, wo es Probleme gab usw. Alle Schüler sollen am Ende der Stunde etwas zu den gefundenen Organellen eine passende Beschreibung im Heft stehen haben. Falls nach der zweiten Arbeitsphase noch genug Zeit bleibt, dürfen die Schüler vor dem Aufräumen noch ihre Haare oder Ähnliches mikroskopieren, falls sie dies nicht eh schon vorher gemacht haben.

8. Lernziele der Stunde

Die Schüler sollen...

- ...die Teile des Mikroskops und deren Aufgaben benennen...
- ...sich im Umgang mit dem Mikroskop auskennen...
- ...wissen, dass die Zellen die Grundbausteine des Lebens sind.
- ...die Zellorganellen und deren Aufgaben nennen...
- ...eine tierische/pflanzliche Zelle beschriften...
- ...eine wissenschaftliche Skizze anfertigen...
- ...ein Präparat der Wasserpest herstellen...

...können.

9. Literatur

- Campbell, N.: Biologie. Pearson Studium, München, 6. Auflage, 2006
- Lehrplan Biologie (G8 - Hessen), 2005

Vorbereitungen

Wenn du folgenden Materialien auf dem Tisch liegen hast, kannst du dir ein Mikroskop holen.

- Bleistift
- Radiergummi
- Anspitzer
- 2 DinA4 (blanco)
- Lineal

- 3 Objektträger
- 3 Deckgläser
- Pinzette

Einstellung des Mikroskops

Bitte gehe stets achtsam mit den Mikroskopen um, vermeide Stöße und versuche NIEMALS etwas mit Gewalt zu drehen oder zu verstellen. Mikroskope sind sehr empfindlich und teuer.

1) Hole dir ein Mikroskop. Trage es dabei stets am Tragebügel (Stativ) und halte es so aufrecht, wie es stand damit das Okular nicht herausfallen kann. Stelle es mit dem Stativ zu dir zeigend vor dich auf den Arbeitstisch.

2) Stelle am Objektivrevolver das kürzeste Objektiv (die schwächste Vergrößerung) ein. Achte auf das Einrasten. (Nicht an den Objektiven drehen)

3) Betrachte nun das Mikroskop von der Seite und drehe solange aber ohne Gewalt mit dem Grobtrieb den Objekttisch nach ganz oben.

4) Stecke den Stecker in die Steckdose, schalte die Lampe ein und öffne die Blende.

5) Nimm den Objektträger, auf dem ein kleiner Buchstabe aufgezeichnet ist, und lege ihn so auf den Objekttisch, dass der Buchstabe ungefähr in der Mitte des Loches liegt.

6) Schaue nun durch das Okular und drehe den Objekttisch mit dem Grobtrieb langsam nach unten, bis der Buchstabe erscheint. Das Objektiv darf niemals den Objektträger berühren.

7) Benutze nun den Feintrieb, um den Buchstaben scharf zu stellen.

Super, es ist Alles eingestellt. Nun kannst du dir von vorne ein Präparat holen.

Aufgabe 1

Zupfe mit der Pinzette ein Blättchen von der Wasserpest ab und lege es auf das Objektgläschen, decke es anschließend mit einem Deckgläschen ab. Nun betrachte das Blättchen zunächst mit der kleinsten Vergrößerung, dann mit der mittleren Vergrößerung.

Zeichne einen Zellenverband bei mittlerer Vergrößerung (mind. 6 Zellen) und beschrifte die Zeichnung. (Datum, Präparat, Vergrößerungsstufe)

Aufgabe 2

Stelle nun die größte Vergrößerung ein und versuche eine Skizze von einer einzigen Zelle anzufertigen, zeichne dabei möglichst alles was du siehst.